うみの　あさい　水の　中

いわや　サンゴなど、すがたを
かくす　ばしょが　すくない
ため、ほかの　生きものの
からだの　下に　かくれたり、
ひかりを　りようした
ほうほうで　かくれます。

◀コバンザメ

（『もぐって かくれる』15ページ）

コバンザメは、ジンベイザメなど
じぶんより　大きな　ほかの　生きものの
からだの　下に　もぐって　かくれます。

リーフィーシードラゴン▶

（『かたちを かえて かくれる』29ページ）

リーフィーシードラゴンは、ひらひらと　した
かざりが　からだ中に　あり、
およいで　いると、水に　ゆれる　かいそうに
そっくりです。まわりの　けしきに
とけこみ、すがたが　目立ちません。

うみの　そこ

すなや　石に　おおわれて
いるため、すなの　中に
もぐったり、じめんに　ほった
あなに　入って　かくれます。
すなや　石に　にた　すがたに
なって　かくれる　ものも　います。

監修のことば

みなさんは、動物と植物のちがいを考えたことがありますか？　「動く物」が動物で「動かない物」が植物……ではありません。じつは、水と光と二酸化炭素を使って自分で栄養をつくることができるのが植物、自分では栄養をつくれないのが動物なのです。

動物は植物やほかの動物を食べなければ生きていけないのですから、野山や海にすむ大小いろいろな動物たちは、自分が生きるために、あるいは巣で待っている子どもたちのために、いつも食べものを探しています。小さな動物は大きな動物に狙われている……、でも、自分も自分より小さな動物を狙っている……。まさに“食いつ食われつ”、自然の世界は危険がいっぱいです。

この本では、海にすむ動物たちが上手に姿を隠してくらしているようすを紹介しています。海の動物のほとんどは、みなさんが見なれている動物たちとは形がちがいますね。とても動物とは思えないような形のものも、岩にくっついたままで一生をすごすものもたくさんいます。ほかの動物を一方的に利用するものも、助け合って生きているものもいます。

岩や海藻にそっくりであったり、砂と同じような色をしていたり、穴にもぐったりして身を守る動物が多いのですが、まわりの色に合わせて自分のからだの色を変えられるものも、反対に、「食べるとまずいぞ」と派手な色で身を守るものもいます。上手に隠れることは、自分の身を守るためだけでなく、獲物を捕まえるのにも役立ちます。

この本で学んだことを参考にして、実際に海辺で、水族館で、いろいろな動物たちの形や色と生き方を観察してください。きっと新しい発見があることでしょう。

武田正倫（たけだ　まさつね）

1942（昭和17）年、東京都生まれ。九州大学大学院農学研究科博士課程修了。農学博士。
日本大学医学部生物学教室助手、国立科学博物館動物研究部研究官、主任研究官、第３研究室長、部長、東京大学大学院理学系研究科教授、帝京平成大学現代ライフ学部教授を経て、現在は国立科学博物館名誉館員、名誉研究員、国立感染症研究所客員研究員。
磯やサンゴ礁から深海までにすむさまざまな海産無脊椎動物の分類、生態、発生に興味をもっており、多くの研究論文を発表している。おもな著書に『カニは横に歩くとは限らない』（PHP研究所）、『エビ・カニの繁殖戦略』（平凡社）などの一般書、『さんご礁のなぞをさぐって』（文研出版）、『北のさかな 南のさかな』（新日本出版社）などの児童書、『ポプラディア大図鑑WONDA 水の生きもの』(監修、ポプラ社)、『学研の図鑑LIVE 水の生き物』（総監修、学研プラス）などの図鑑類がある。

うみの かくれんぼ

もぐって かくれる

ハマグリ・メガネウオ・アサヒガニ ほか

武田正倫●監修

金の星社

うみの　中には　かくれる　ことが　じょうずな　生きものが
たくさん　くらして　います。
この本では、いろいろな　ばしょに　もぐって　かくれたり、
あなに　入って　かくれたり　する　生きものを　しょうかいします。

すなに　もぐる
メガネウオ

ジンベイザメの
からだの　下に
かくれる
コバンザメ

あなの　中から
かおを　出す
イエローヘッド・
ジョーフィッシュ

すなの　中(なか)から　ちらりと　しまもようが　のぞいて　います。
ころがった　石(いし)みたいですね。

なにが　かくれて　いるのでしょう？

すなに　もぐる　まえの　チョウセンハマグリ。
力づよい　あしを　じょうずに　つかって、
ぐいぐいと　すなに　もぐります。

かくれて　いたのは　チョウセンハマグリと　いう　貝です。

チョウセンハマグリなどの　ハマグリの　なかまは、
やわらかい　からだを　2まいの　かたい　からで
まもって　いるので、2まい貝と　よばれます。

からの　すきまから、すなの　中に　あしを
のばし、ぐいぐいと　すなに　もぐります。
ふだんは　すなの　中に　もぐったまま、
ほとんど　うごきません。こうして
きけんから　みを　まもって　いるのです。

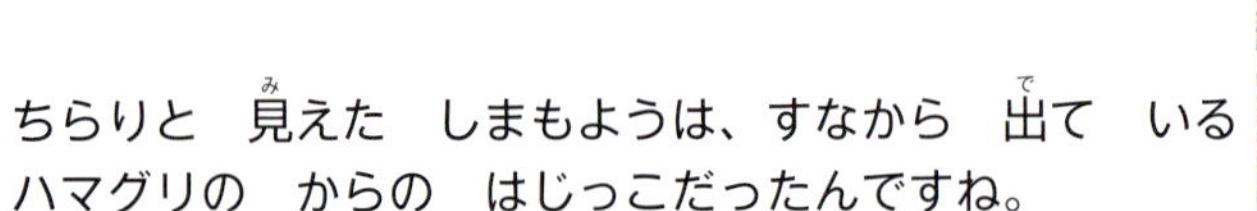

ちらりと　見えた　しまもようは、すなから　出て　いる
ハマグリの　からの　はじっこだったんですね。

ぼうっと　うかびあがる　こわい　かお。
石(いし)で　できた　おめんのようです。

なにが　かくれて　いるのでしょう？

かくれて　いたのは　メガネウオと　いう　さかなです。
めがねを　かけて　いる　ように　見える　ことから、
この　名まえが　つけられました。

大きくて　とびだした　目は、あたまの　上の　ほうに　ついて　いて、
くりくりと　とても　よく　うごきます。
いつも　上の　ほうを　見て　いる　ようすから、
えいごでは　「スターゲイザー」と　よばれます。
これは　「ほしを　ながめる人」と　いう　いみです。

ふだんは　すなの　中に　もぐり、
からだを　かくして　います。
すなから　目と　口だけを　出して、
エビや　小ざかななどの　えものを
ねらいます。

えものが　ちかづいて　くると、
口の　中に　ある　出っぱりを
そとに　出して　うごかし、さそいます。
えものが　口の　すぐ　ちかくに
くると、すばやく　まるのみに
して　しまいます。
じょうずに　すがたを　かくす　ことで、
えものが　つかまえやすく　なるのです。

からだを　左右に　ゆすって
だんだんと　すなの　中に
もぐって　いきます。

べろの　ように　見えるのが
口の　中に　ある
出っぱりです。
うごかすと　小さな
生きもののように
見えます。

かくれて　いるのは　なんの　ため？

**うみに　くらす　生きものたちは
なんの　ために　かくれて　いるのでしょうか？**

イソギンチャクに　かくれ、大きな　さかなが
とおりすぎるのを　まつ　カクレクマノミ

みを　まもるため

からだの　小さな　生きものや、およぎが
とくいでは　ない　生きものは、じょうずに
かくれる　ことで　てきから　みを　まもって
います。

えものを　つかまえるため

えものを　ねらう　ときは
えものに　きづかれずに　ちかづいたり、
えものを　ゆだんさせる　ために
すがたを　かくします。

小ざかなを　つかまえた　カエルアンコウ

すなに　もぐり、よこに　なって　ねむる　キュウセン

あんしんして　ねむるため

うみの　中では　てきに　ねらわれたり、
なみに　ながされたり　する　きけんが
あるため、あんぜんな　ばしょに
かくれて　ねむります。

じめんに　ひそんで　いる　ぶきみな　おばけ？
ほそながい　つののような　ものが、なん本(ほん)も　あります。

なにが　かくれて　いるのでしょう？

かくれて　いたのは　オニイソメと　いう　生きものです。

オニイソメは　うみの　そこの　すなの　中に、
ながい　からだを　かくして　います。
こうして、えものが　やって　くるのを
じっと　まちます。
えものが　ちかくに　くると、
ものすごい　はやさで　えものに　かみつき、
するどい　はで　かみちぎって　たべます。

オニイソメの　ぜんしん。
すなに　かくれて　いた
ぶぶんは　とても　ながく、
大きい　ものでは
３メートルも　あります。

ながい　つののような
ものは　しょくしゅです。
ここで　えものが　ちかくに
いるか　どうかを
かんじます。

すなの　中から　にょきっと　のびる　2本の　ぼうは、
先の　ほうだけ　オレンジいろ。
まるで　きのこのように　見えませんか？

なにが　かくれて　いるのでしょう？

きのこの　先のように　見えた
オレンジいろの　ぶぶんは、
アサヒガニの　目です。

かくれて　いたのは　アサヒガニです。
うみの　すなぞこに　くらす　カニです。

アサヒガニは　あとずさり　しながら、すなを
ほって　もぐります。ぜんぶの　あしが　ひらたく、
先が　とがって　いるので、じょうずに　すなを
ほる　ことが　できます。
すなの　中から　目だけを　出して　かくれ、
ちかづいて　きた　エビなどの　小さな　生きものを
つかまえて　たべます。

あしを　じょうずに　つかって、
すなの　上を　ゆっくり　あるく
ことも　できます。

かわった　もようの　小さな　あなから
ひょっこり　あたまを　出して　います。

なにが　かくれて　いるのでしょう？

カクレウオが　かくれて　いた　ばしょは
ナマコの　おしりの　あなでした（やじるし）。

かくれて　いたのは　カクレウオと　いう　さかなです。
からだは　ほそながく、すきとおって　います。

カクレウオは　あさい　うみの　そこに　すんで　いて、ナマコや　貝など
ほかの　生きものの　からだに　すみつきます。
ナマコの　おしりの　あなに　すんで　いる　カクレウオは、よるに　なると
小さな　エビなどの　えものを　さがしに　出かけます。
きけんを　かんじた　ときにも、ナマコの　おしりに　かくれます。
カクレウオは　みを　まもる　ことが　できるので　とくを　しますが、
ナマコは　とくも　そんも　しません。

ゆうゆうと　およぐ　ジンベイザメ。
おなかの　下に　なにかが　くっついて　いるようです。

なにが　かくれて　いるのでしょう？

おなかの　下に　くっついて　いたのは、コバンザメと　いう　さかなです。
名まえは　「サメ」ですが、サメの　なかまでは　ありません。

コバンザメの　あたまの　上には　ひだが　ならんで　いて、きゅうばんの　ように
はたらきます。この　ひだを　ジンベイザメの　おなかの　下に　しっかりと
すいつけて、はなれないように　して　いたのです。こうすることで、
じぶんで　およがなくても、
大きな　ジンベイザメの　かげに　みを
かくしたまま　いっしょに
いどうする　ことが　できます。
また、ジンベイザメの　口から　あふれた
えものや、からだに　ついた　虫などを
たべます。

コバンザメの　あたまの　上に　ならんだ　ひだ

草が　しげって　いるような　うすぐらい　ところから
こちらを　じっと　見つめて　います。

なにが　かくれて　いるのでしょう？

かくれて　いたのは　ハナビラクマノミと　いう　さかなです。
あたたかな　うみの　サンゴが　あつまる　ばしょに
むれで　くらす、クマノミの　なかまです。

クマノミの　なかまは　きけんを　かんじると
イソギンチャクに　もぐって　かくれます。
17ページの　しゃしんで　草の　ように　見えたのは、
イソギンチャクの　もつ　たくさんの　しょくしゅです。
イソギンチャクは　えものを　つかまえる　ために、
この　しょくしゅに　どくばりを　もって　います。ほかの
生きものは　イソギンチャクに　ちかづくと　どくばりで
さされて　しまいますが、クマノミの　なかまは　からだの
ひょうめんに、イソギンチャクの　どくばりに　さされない
とくべつな　しくみを　もって　います。このため　ほかの
生きものは　ちかづけない　イソギンチャクの　からだに
かくれて、みを　まもる　ことが　できるのです。

いっしょに　くらす　わけ

クマノミの　なかまの　ほかにも、しゅるいの　ちがう　生きものと　いっしょに　くらして　いる　生きものが　います。

◀ホンソメワケベラと　ユカタハタ

ホンソメワケベラは　さかなの　からだに　ついた　虫を　たべるので、そうじやと　して　ゆう名です。さかなたちは　からだに　ついた　虫を　とってもらい、ホンソメワケベラは　虫を　たべる　ことが　できるうえ、ふつうなら　たべられて　しまう　大きな　さかなにも　たべられる　ことは　ありません。おたがいに　とくを　する　かんけいです。

キンセンイシモチと　ガンガゼ▶

ガンガゼは　ウニの　なかまで、どくの　ある　ながくて　きけんな　とげが　あります。キンセンイシモチなどの　小さな　さかなは　ガンガゼの　とげの　あいだに　かくれる　ことで、大きな　てきから　みを　まもって　います。キンセンイシモチは　とくを　しますが、ガンガゼは　とくも　そんも　しない　かんけいです。

◀ヤドカリと　イソギンチャク

ヤドカリの　なかまには　貝がらに　イソギンチャクを　のせて　みを　まもる　ものが　います。イソギンチャクは　どくばりを　もつため、ヤドカリを　おそう　タコや　さかなが　ちかづけません。イソギンチャクも　いどうする　ことが　できます。おたがいに　とくを　する　かんけいです。

2つ　ならんだ　小さな　あなから、
ほそながい　ものと　しまもようが
ちらりと　見えて　います。

なにが　かくれて　いるのでしょう？

かくれて　いたのは　カンザシヤドカリと　いう　ヤドカリです。

サンゴの　あなに　1ぴきずつ　もぐって　います。

もともと　ほかの　生きものが　すんで　いた　サンゴの　あなに、
かくれて　いました。先に　すんで　いた　生きものが　しんだあと、
からっぽに　なった　あなを　すみかに　して　いたのです。
あなから　見えて　いた　ほそながい　ものは、カンザシヤドカリの　しょっかくです。
しょっかくには　こまかい　けが　たくさん　生えて　います。
この　しょっかくを　さかんに　うごかして、
小さな　生きものを　あつめて　たべます。
しまもようの　はさみあしは、右がわが　大きく　なって　います。
てきが　ちかづいた　ときには、この　はさみあしで
すあなの　入り口に　ふたを　して　しまいます。

まるで　じぶんの　へやのように、
大(おお)きさが　ぴったりの　石(いし)の　あな。

なにが　かくれて　いるのでしょう？

カモメガイの
貝がら。
石の　あなの
うちがわは
つるつるです。

かくれて　いたのは　カモメガイと　いう　貝です。
石の　中に　すっぽりと　もぐりこんで　います。

カモメガイの　かたい　からの　はんぶんは
ぎざぎざに　なって　います。
からの　すきまから　あしを　のばして
しっかりと　あなの　おくに　からだを
おしつけてから、からを　ぐりぐりと
まわして、すこしずつ　石を　けずります。
このとき、からに　ある　ぎざぎざが
ちょうど　やすりの　ような　はたらきを
するのです。せいちょうして　貝がらが
大きく　なるのに　あわせて、石の　あなも
大きく　して　いきます。

ぎざぎざの　ぶぶんで　石を　けずります。

いろとりどりの　かいそうに　おおわれた　いわばで
３つ　ならんだ　まるい　もの。

なにが　かくれて　いるのでしょう？

かくれて　いたのは
トウシマコケギンポと　いう
小さな　さかなです。

なみの　あらい　いわばに　すんで　います。いつも　いわの　小さな　あなに　もぐり、
かおだけ　出して　きょろきょろと　あたりを　見まわして　います。
えものが　ちかくを　とおると、すあなから　とび出して　つかまえます。
おなじ　しゅるいの　さかなでも　からだの　いろは　さまざまで、
くろっぽい　ものや　きいろっぽい　ものも　います。

からだは　ほそながく、あたまには　けが　生えた
ような　ふさふさと　した　出っぱりが　あります。

せまい　トンネルのような　ところから、
こちらを　見て　います。
まるで　ゾウの　はなのような
ほそながい　口先を　して　います。

なにが　かくれて　いるのでしょう？

ながい　からだを　くねらせて　およぎます。

かくれて　いたのは　ダイナンウミヘビです。
「ウミヘビ」と　いう　名(な)まえが　ついて　いますが、
ヘビでは　なく、さかなです。

すなや　どろに　おおわれた　うみの　そこで　くらして　います。
口先(くちさき)は　ほそながく　とがって　いて、するどい　はを　もって　います。
ふだんは　すなの　あなから　かおだけ　出(だ)して、まわりの　ようすを　見(み)て　います。
えものが　ちかくに　やって　くると、するすると　あなから　出(で)て　きて
えものを　とらえ、すばやく　すなの　中(なか)に　ひきこんで　たべます。
すなに　もぐって　すがたを　かくして　いる　ことで、
えものが　つかまえやすく　なるのです。

石(いし)の　あいだから　ひょっこり　あらわれた　かお。
きいろい　あたまに、大(おお)きな　目(め)と　口(くち)が　目立(めだ)ちます。

なにが　かくれて　いるのでしょう？

かくれて　いたのは
イエローヘッド・
ジョーフィッシュと　いう
さかなです。
名まえの　イエローヘッドは
「きいろい　あたま」
という　いみです。

からだは　ほそながく、青っぽい　いろを　して　います。
すなや　じゃりに　おおわれた　うみの　そこに　ほった、たてに　ながい　すあなの
中で　くらして　います。この　すあなは、大きな　口で　小石や　貝がらを
あつめて　きて、じょうぶに　つくります。
ふだんは　すあなから　あたまだけを　出して　まわりの　ようすを
じっと　見て　いますが、むなびれを　うごかして　立ちおよぎを　しながら、
ときどき　すあなから　出たり　入ったり　します。

イエローヘッド・ジョーフィッシュの
オスは　口の　中で　子そだてを　します。
メスが　生んだ　たまごが　かえるまで、
大きな　口いっぱいに　たまごを　入れて
まもります。

さかなには　イエローヘッド・
ジョーフィッシュのように、
オスが　口の　中で　子そだてを　する
しゅるいが　ほかにも　います。

ネンブツダイの　オスと　メス。
口に　たまごを　入れて　いるのは　オス。
たまごを　口の　中に　入れたまま　口を　あけたり
とじたり　して、たまごに　きれいな　水を　おくります。

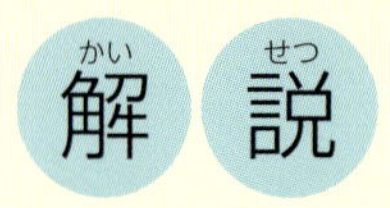

砂に、穴に、ほかの生きものに……
もぐって姿を隠す生きものたち

海には、いろいろな生きものがくらしています。この本の中で紹介した生きものも、魚だけではありません。エビやカニ、ヤドカリ、タコやイカ、貝、イソギンチャクやサンゴなど、多種多様な生きものたちが広い海の中でくらしているのです。

これらの生きものは、多くの場合、お互いに〝食べる・食べられる〟の関係でつながっています。からだが小さかったり、敵から身を守るための強力な武器をもたない生きものは、自分の命を守るために上手に姿を隠します。反対に、獲物を狙う生きものも、獲物に気づかれずに近づき、狩りを効率よく成功させるために姿を隠すことがあります。また、安全に休息をとるために姿を隠すこともあるでしょう。

海の砂底にくらすチョウセンハマグリは、身を守るために砂の中にもぐります。このチョウセンハマグリには素早く砂にもぐるのに役立つ筋肉質のあしや、砂にもぐったままでも新鮮な水や食べものを取り込めるしくみが備わっています。獲物を捕まえるために砂底にもぐるメガネウオは、大きくてよく動く目が頭の上のほうにつき、砂にもぐったままでも周囲のようすをよく見ることができます。メガネウオは口も上向きになっていて、近づいた獲物を素早く口の中に入れるのに有利でしょう。自分より大きなジンベイザメなどに吸いついて身を隠すコバンザメには、頭に吸盤のようにはたらくひだがあり、大きな生きもののからだから離れないようしっかりと吸いつくことができます。コバンザメは大きな生きものに吸いつくことで身を守っているだけでなく、自分で泳がなくても移動することができたり、大きな生きものの口からあふれた食べものを食べることができるなどの利点もあります。石の穴にもぐり込んでいるカモメガイの殻には、かたい石を削るやすりのようにはたらくギザギザの筋があります。

海の生きものたちはいろいろな目的で、いろいろな場所に、いろいろな方法で隠れています。隠れる理由や場所、方法は、その生きものたちのからだのつくりやくらしと密接に関係しています。そのことに注目して、海の生きものたちのかくれんぼを見ていくと、新たな発見があるでしょう。

うみの かくれんぼシリーズ 全3巻

武田正倫 監修

海の生きものは、姿を隠す名人です。身を守るため、獲物を捕まえるためなど、隠れる理由はいろいろ。隠れ方から、海の生きものたちのくらしぶりが垣間見えます。さらに、生きもの同士のかかわり合いや、生態のくわしい知識なども理解することができます。見返しでは、海の生きものたちの生息環境を紹介しています。

もぐって かくれる

ハマグリ・メガネウオ・アサヒガニ ほか

第1巻

貝殻のすき間から出したあしを使って砂にもぐるハマグリ、からだをゆすりながら海の底にもぐり獲物を待ち構えるメガネウオ、後ろあしで掘った砂底にもぐり身を隠すアサヒガニなど、何かにもぐって隠れる、海の生きものたちを紹介します。

ハマグリ／メガネウオ／オニイソメ／アサヒガニ／カクレウオ／コバンザメ／クマノミ／カンザシヤドカリ／カモメガイ／トウシマコケギンポ／ウミヘビ／イエローヘッド・ジョーフィッシュ

いろを かえて かくれる

タコ・ヒラメ・イカ ほか

第2巻

岩場やサンゴなどとそっくりな色になり景色に溶け込むタコ、平たいからだを海の底の色に変えて隠れるヒラメ、あっという間にまわりの環境と似た色に変わり姿を隠すイカなど、色の効果によって隠れる、海の生きものたちを紹介します。

タコ／ヒラメ／イカ／ブダイ／アジ／クラゲ／アラフラオオセ／トガリモエビ／オニカサゴ／ピグミーシーホース／オウギガニ／カエルアンコウ

かたちを かえて かくれる

モクズショイ・タコノマクラ・キメンガニ ほか

第3巻

からだに海藻などをつけて姿を変えるモクズショイ、全身のとげに落ち葉などをくっつけて身を隠すタコノマクラ、ヒトデやウニを背負って別の生きものに姿を変えて見せるキメンガニなど、形の効果によって隠れる、海の生きものたちを紹介します。

モクズショイ／タコノマクラ／ヨロイイソギンチャク／ソメンヤドカリ／キメンガニ／カイカムリ／ミミックオクトパス／タカラガイ／カミソリウオ／ナンヨウツバメウオ／イソコンペイトウガニ／リーフィーシードラゴン

※「うみの かくれんぼ」シリーズでは、基本的に生きものの名前を種名で紹介しています。和名については、もっとも一般的なものを採用しました。「タコ」のようにグループ名（分類群名）のほうが親しまれているものは、グループ名も同時に紹介し、その特徴も解説しています。

■編集スタッフ
編集：アマナ／ネイチャー＆サイエンス（室橋織江）・菅原千聖
写真：アマナイメージズ（以下以外全て）・アフロ（p24 下）・ブログ あうるの森（p24 上）・伊豆大島 あとぱぱダイビングサービス（p26 下）
文：菅原千聖
装丁・デザイン：鷹觜麻衣子

うみの かくれんぼ
もぐって かくれる ハマグリ・メガネウオ・アサヒガニ ほか
初版発行 2017年2月 第19刷発行 2024年8月

監修 武田正倫
発行所 株式会社 金の星社
〒111-0056 東京都台東区小島1-4-3
TEL 03-3861-1861（代表） FAX 03-3861-1507
振替 00100-0-64678 ホームページ https://www.kinnohoshi.co.jp
印刷 株式会社 広済堂ネクスト
製本 東京美術紙工

NDC481 32ページ 26.6cm ISBN978-4-323-04171-1

どこに すんで いるのかな？

うみの　あさい
水の　中

◀カミソリウオ

（『かたちを かえて かくれる』21 ページ）

カミソリウオは、もともと　かいそうに　そっくりな
かわった　すがたを　して　います。
なみの　うごきに　あわせて　ゆらゆらと　およぐと、
まるで　かいそうのようで　すがたが　目立ちません。

うみの　そこ

メガネウオ▶

（『もぐって かくれる』5 ページ）

メガネウオは、あたまの
上の　ほうに　ついた
目と　口だけを　すなから　出し、
からだは　ぜんぶ　すなの　中に
もぐって　かくれます。